笑死人的进化

·过度的进化·

U0222945

[日]今泉忠明 编

[日]森松辉夫 绘　佟凡 译　周青松 审校

中信出版集团|北京

前言

　　比起外表，本书更注重介绍动物们的特点。或许有些动物乍一看并没有什么过于夸张的部分，有些动物甚至会让大家觉得很可爱，不过仔细阅读后就会发现，有不少动物都有让人感到惊讶、过度进化的地方。

　　当然，也有些动物乍一看就能看出它们的与众不同。比如"鼻涕泡"太大的冠海豹，身体里聚集着大量粪便的水稻负泥虫幼虫，等等。

　　其实可以说所有动物都有过度进化的部分，生命诞生至今已经过去了好几十亿年，在此期间，动物始终在不断进化。

　　就连人类也是从和老鼠差不多大的哺乳类动物进化而来的。以前的哺乳类动物肯定也想象不到，它们中的某些种类能进化成为人类吧。

　　也许在当时的哺乳类动物眼中，如今的人类同样过度进化了。没有毛，双足行走，头很大，说着奇怪

的语言，还会使用工具。它们一定从来没有见过这样的生物。

　　无论如何，所有动物此后依然会不断进化，变得越来越夸张，直到灭绝。人类同样如此。在这本书里，会为大家介绍尚未灭绝，却稍稍进化过度的动物们。

　　另外，这次也会出现"深海中的动物"。深海是过度进化的动物的宝库，请大家尽情欣赏。

《过度的进化》编辑部

什么是过度与进化？

什么是过度？

过度包括过大、过小、过快等，本书列举了"过于XX"的动物，以及具有惊人绝技的动物。"过大"指的不仅仅是动物的体形大，也包括鼻子大、声音大等情况。

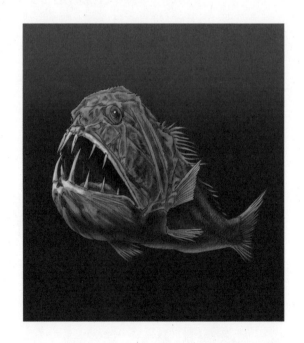

可是这里所说的过度是基于人类的常识，动物本身并不会觉得自己的进化过度，反而是人类会产生"太过分了"或者"太厉害了"的想法。动物只是在平淡地生活，却被人类当成过度的进化。

什么是进化？

无论是出现过度进化的部位，还是产生不得了的绝技，都属于进化的范畴。任何生物都会发生进化。另外，与进化有关的是基因。在遗传过程中，基因有一定的概率发生突变，从而出现改变。

基因中存储着生物形态和身体结构的信息，所以一旦基因发生改变，生物的形态和身体结构就会发生变化。

请大家观察本书中提到的白色美洲狮。通常情况下，美洲狮都是土黄色的。白色的美洲狮是基因发生突变的动物，属于白化变种。一方面，白色的动物在雨林、热带大草原以及沙漠中会很醒目，容易遭到捕食者的毒手。另一方面，如果捕食者是白色，同样会很醒目，导致猎物能够及时逃跑，捕食者无法生存。

但是，在雪和冰的世界中，情况则有所不同。白色的生物更能融入周围的环境，从而得以生存下去。北极熊就是其中的典型物种。

这就是进化。由于突变，一部分动物表现出和同一物种不同的特征，结果反而更加适应环境，因此得以生存下去。

协同进化

　　还有不同种类的生物相互适应共同进化的。本书中举出的例子是剑嘴蜂鸟，详细内容请参考本书的第 42—43 页，这种进化的形式就叫作协同进化。

　　一方改变，另一方也会改变。如果树木结出果实的位置变高，对脖子长的动物就更有利。于是树木结果的位置变高后，动物的脖子就会变长。这就是协同进化的例子。

　　可是协同进化的弱点在于，一旦这种果实由于环境的变化而灭绝，脖子长的生物就可能会因为失去食物而灭绝，这就是过度进化的可怕之处。

　　任何物种都需要具备多样化。尽管恐龙已经灭绝，可是它们的后裔鸟类依然生存到现在。

本书在第 8—9 页介绍了猎豹，它们原本起源于北美，可是正因为它们将生存范围扩大到了非洲，才得以生存下来。

过度进化的重要性

进化出多样性，在更加广泛的区域生存，对一个物种来说至关重要。而且更重要的是，各种各样的生物都需要变得更有个性，更加多样，外形更加奇特，因为过度进化的生物越多，地球上的生命才能越丰富多彩，越繁荣昌盛。

目录

第一章　过度进化的哺乳类动物

第二章 过度进化的鸟类

第三章 过度进化的爬行动物、两栖动物和鱼类等

第四章　过度进化的虫子们

第五章　过度进化的深海动物

第一章

美丽的植物可能有刺。
某些可爱的哺乳类动物
也有惊人的攻击力，
这就是过度进化的结果。

过度进化的哺乳类动物

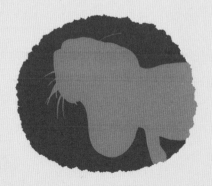

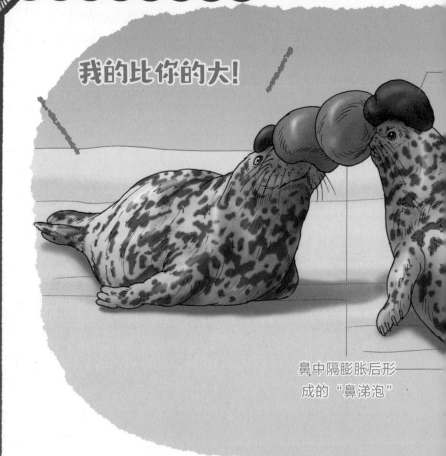

我的比你的大!

鼻中隔膨胀后形
成的"鼻涕泡"

　　雄性冠海豹头部长着过大的"鼻涕泡",而且还有两个:一个在头顶上方隆起,颜色发黑;另一个则是鼻子下方的红色鼻涕泡。这个隆起的红色鼻涕泡其实是冠海豹鼻子上一处大家意想不到的部分。以人类为参照,就是左右两个鼻孔中间的鼻中隔。冠海豹只需要堵住一个鼻孔使劲出气,鼻中隔就会膨胀,然后从另一个鼻孔中冲出来不断变大。

头顶的"鼻涕泡"

『鼻涕泡』再怎么说也太大了吧！

雄性冠海豹

雄性冠海豹之所以要让鼻中隔变大，是为了争夺雌性。"鼻涕泡"越大，获得雌性的机会越大。"鼻涕泡"的大小是雄性冠海豹力量的象征。

动物数据

- □名称　　雄性冠海豹
- □分类　　哺乳纲
- □栖息地　北冰洋、北大西洋
- □尺寸　　休长 2.2 ～ 2.5 米

过长的脖子

灵活地站立用餐

长颈羚

明明是牛科动物，脖子和四肢却那么长！

长颈羚明明是牛科动物，脖子却像长颈鹿一样非常长，四肢也很长。

它的脖子为什么会变得如此修长呢？因为它要吃树干中部的叶子，喝到水。

长颈鹿会吃掉高处的叶子，而某些羚羊会吃掉低处的叶子。所以为了适应环境，为了能够吃到其他动物不吃的树干中部的叶子，长颈羚长出了长脖子。另外，因为它的四肢长，所以脖子也必须长，才能喝到河里的水。

顺带一提，长颈羚的前肢非常灵活，吃树叶时会用后肢站立，抬起前肢把树叶拨到身前。

动物数据

☐ 名称 长颈羚
☐ 分类 哺乳纲
☐ 栖息地 非洲东部的干旱平原
☐ 尺寸 体长 1.4 ~ 1.6 米

黑足猫的体重平均有 1 ～ 3 千克，在野生猫科动物中属于个头最小的一类。我能理解一些人会觉得它和自家的小猫没什么不同，因为从外表来看，它怎么看都只是一只可爱的小猫。

不过，在黑足猫生活的南非，它可是一种被称为"蚁穴中的老虎"的凶猛动物。白天，黑足猫会躲在其他动物挖出的洞穴中，晚上则成为优秀的猎人，捕食小动物，甚至能够捕食体形比自己还大的猎物，传说它还曾在卡拉哈里沙漠咬穿长颈鹿的脖子。这个小不点竟然能袭击长颈鹿，真是凶猛！

喵呜

动物数据

□名称	黑足猫
□分类	哺乳纲
□栖息地	非洲南部的草原和沙漠
□尺寸	体长 35 ～ 50 厘米

虽然小，但是非常凶猛！

黑足猫

被称为"蚁穴中的老虎"

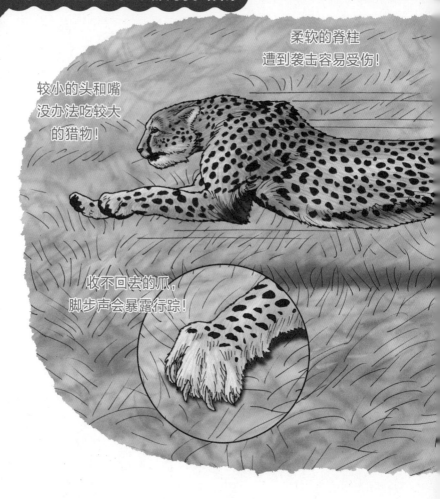

柔软的脊柱
遭到袭击容易受伤！

较小的头和嘴
没办法吃较大
的猎物！

收不回去的爪，
脚步声会暴露行踪！

　　很多猫科动物住在森林里，可是猎豹却住在草原上。为了在草原上生存，需要拥有某种突出的技能。对猎豹来说，就是速度。

　　因此猎豹舍弃了大量猫科动物的特征，其中之一是嘴。要想吃下体形较大的猎物，需要有较大的嘴和头。可是猎豹为了在奔跑时减小风的阻力，把头和嘴都变小了。

为了跑得更快，舍弃了猫科动物的特征

猎豹

流线型的身体
打不过狮子！

　　另外，它还有流线型的修长的身体。
　　正因为舍弃了凶猛的猫科动物本应拥有的多项特点，所以猎豹打不过狮子。

动物数据

□名称	猎豹
□分类	哺乳纲
□栖息地	非洲到南亚的大草原
□尺寸	体长 1.1 ~ 1.5 米

已经不需要的速度!

以每小时65千米的速度
连续奔跑20分钟

　　叉角羚生活在北美，在食草动物中属于速度最快的动物之一，最高时速可以达到90千米。虽然比不过猎豹110千米的时速，不过它能够以65千米的时速连续奔跑20分钟。因为猎豹只能快速奔跑几分钟，所以叉角羚只要能逃过最初的抓捕就安全了。

　　据说，叉角羚之所以跑得快，是因为北美曾经有猎豹，为

过去，为了躲避猎豹的追捕，跑步速度非常快的 **叉角羚**

为了逃避猎豹的追捕，叉角羚跑得越来越快。

可是如今，北美猎豹已经灭绝，叉角羚不需要以这么快的速度奔跑了。

像喷气式飞机发出的轰鸣声一样的吼声

吼吼！

能够持续吼叫 1 小时以上，
叫声在 5 千米之外都能听到的

红吼猴

这种猴子的舌骨很特别，能够增强回声，甚至连颌骨都发生了形变。

红吼猴很少会下到地面，它会在树上吼叫，目的是让声音传得更远。

红吼猴为什么要发出那么大的叫声呢？是为了向其他猴子宣示自己的领地，这种宣示方式未免太过。有时，它持续吼叫的时间甚至会超过 1 小时。在此期间，像喷气式飞机发出的轰鸣声一样响亮的吼声会在森林中不断回响。

动物数据

□名称	红吼猴
□分类	哺乳纲
□栖息地	南美西北部的森林
□尺寸	体长 48 ~ 63 厘米

趁猎物睡着时饱餐一顿!

唾液有麻醉效果?!

唾液中含有防止血液凝固的成分和麻醉成分?!

吸血蝠会在猎物沉睡时悄然靠近，然后用小而锋利的牙齿刺穿猎物的皮肤，舔舐流出的鲜血。

吸血蝠的唾液中含有防止血液凝固的成分，唾液甚至有麻醉效果。

由于唾液中含有麻醉成分，再加上牙齿很小，沉睡中的猎物甚至感觉不到被咬破。所以吸血蝠可以尽情饮血。它们一边从口中释放阻止血液凝固的化学物质，一边不断舔舐流出的血液。但它们一次最多只能喝下 5 毫升的血。

动物数据

□名称	吸血蝠	
□分类	哺乳纲	
□栖息地	北美南部以及南美的森林、牧场中的树洞和洞窟中	
□尺寸	体长 7 ~ 9 厘米	

铛铛——

雄性长鼻猴

过大的鼻子是雄性强大的象征！

　　长鼻猴主要生活在加里曼丹岛，一只雄性与几只雌性组成眷群，在树上生活。

　　那么雄性如何吸引雌性的注意呢？大家一眼就能看出来了吧，就是靠形状有些奇怪的长鼻子。鼻子越大说明雄性越强壮，这种雄性在雌性眼中充满魅力。

　　不过，鼻子大的雄性长鼻猴在喝水时必须特意抬起鼻子，这对它们自己来说是一件很不容易的事。动物受欢迎的背后也有辛苦的一面啊。

动物数据

□名称	雄性长鼻猴
□分类	哺乳纲
□栖息地	加里曼丹岛等地的红树林地区
□尺寸	体长 65 ~ 75 厘米

雪羊是生活在落基山脉悬崖上的一种羊。它们生活在如此危险的地方，人类在这种地方，只要踩空一下就性命堪忧。

雪羊有形状特殊的蹄子，擅长攀岩，能自由自在地在岩石间移动，吃生长在岩山上的植物。由于生活地点出人意料，因此以雪羊为食的美洲狮、狼等肉食动物无法轻易靠近它们。

雪羊是牛科动物，过去曾生活在草原上，可是因为其他牛科动物数量增加，雪羊为了寻找食物而改变了栖息地。

可恶！

美洲狮

动物数据

□名称	雪羊
□分类	哺乳纲
□栖息地	北美的高山地带等
□尺寸	体长 1.2 ~ 1.9 米

大多数猫科动物都怕水。或许你会说："嗯？我家的猫特别喜欢泡澡啊！"没错，确实有不怕水的猫。

老虎、美洲豹等猫科动物也可以在河流池沼中游泳。可是几乎没有猫科动物会潜入水中捕鱼吃。

然而，渔猫不仅会游泳，还很擅长潜水。渔猫的名字就是捕鱼的猫的意思。渔猫是超级游泳健将，不仅能适应地面的生活，还能适应在水中的生活，以鱼贝为食，趾间有蹼。

明明是猫科动物，却会潜入水中捕鱼?!

最喜欢鱼的 **渔猫**

□名称　　　渔猫
□分类　　　哺乳纲
□栖息地　　东南亚等地的沼泽地
□尺寸　　　体长 57 ~ 86 厘米

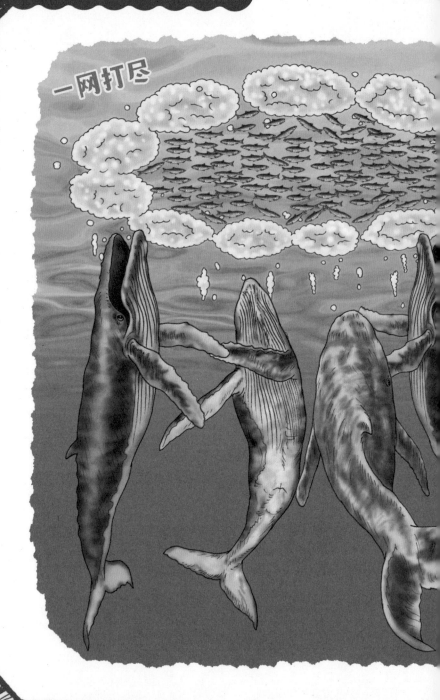

一网打尽

身体笨重却很聪明，用泡泡围住猎物后一网打尽的 座头鲸

座头鲸体形巨大，可是它的捕猎方法非常聪明，叫作气泡网捕食法。

一头座头鲸先潜入深水中，一边螺旋式上升一边吐泡泡。这些泡泡形成圆柱形的气泡网，将大量小鱼等猎物围住。

然后，座头鲸在下方发出巨大的叫声，将小鱼赶向水面。座头鲸张开大嘴，把被赶到水面的小鱼一口吞下。座头鲸的食量不容小觑，一头座头鲸每天要吃掉400千克的食物。

动物数据

- □名称 座头鲸
- □分类 哺乳纲
- □栖息地 世界各地的海洋
- □尺寸 体长 12 ~ 14 米（最大能达到 18 米）

快吃吧。

一名潜水员的经历

　　生活在南极地区的动物里，豹形海豹的凶猛程度仅次于虎鲸。它有着像豹子一样尖锐的牙齿和强劲的下颌，袭击企鹅和海豹时能一口咬住，撕开猎物的身体。在大家的印象里，普通的海豹不会这么可怕，可是豹形海豹不仅攻击性强，而且性格暴躁。

　　2006 年，一名潜水员在南极地区有一段和豹形海豹有关的

我要攻击了！
啊！

虽然是海豹，但是超危险?!

豹形海豹

神奇经历。他在海中遇到了一只雌性豹形海豹，一次又一次衔着自己捉到的企鹅送到潜水员面前。简直就像是母亲在给自己的孩子送来食物。

动物数据

□名称	豹形海豹
□分类	哺乳纲
□栖息地	南极大陆周围的海域
□尺寸	体长 2.4 ~ 3.6 米

我不会输的!

　　加利福尼亚地松鼠的天敌是各种各样的肉食动物，其中最常袭击它们的是响尾蛇等蛇类。

　　不过加利福尼亚地松鼠有自己的方法，能从蛇口中保护自己，不会轻易落败，并且它们对蛇的毒液免疫。另外，加利福尼亚地松鼠经常啃咬蛇蜕，涂在自己和孩子的身上，来掩盖自身的气味。

对战

加利福尼亚地松鼠

身体强壮，甚至不会轻易输给 3 米长的蛇！

加利福尼亚地松鼠甚至可以通过勇敢地战斗来赶走蛇。它们身体强壮，甚至不会轻易输给 3 米长的蛇。

动物数据

☐名称　　加利福尼亚地松鼠
☐分类　　哺乳纲
☐栖息地　北美及中美
☐尺寸　　体长 33 ~ 50 厘米

漂亮！

　　2013 年，白色美洲狮第一次在巴西被拍到，并在社交媒体上成为热门话题。

　　美洲狮原本是生活在美洲大陆的擅长捕猎的强壮猫科动物，不过白化品种很难在野生环境下生存下来。白色的身体过于显眼，狩猎成功率低，而且身体虚弱，如果没有人类的保护和饲养，就会被大自然淘汰。

社交媒体上的热门话题，
极为稀有的 **白色美洲狮**

如今，白色美洲狮的生存情况不明。虽然在人类眼中，白色美洲狮是美丽而神秘的生物，可是自然界的法则是非常残酷的。

动物数据

□名称	白色美洲狮
□分类	哺乳纲
□栖息地	美洲大陆的山地与森林
□尺寸	体长 0.96 ~ 1.6 米

　　东澳袋鼬曾经广泛分布在澳大利亚，皮毛上的圆点图案很可爱，是一种有袋类动物。现仅存于塔斯马尼亚岛。

　　尽管东澳袋鼬外表可爱，却是一种不容小觑的肉食动物。就连面对同样住在塔斯马尼亚岛上性情残暴的袋獾，东澳袋鼬都会为了争夺猎物大胆与之对战。

　　现在，人们将 20 只东澳袋鼬带回澳大利亚大陆，试图让这

圆点图案很可爱，
会和袋獾激烈战斗

东澳袋鼬

我的敌人可是袋獾哟！

一物种在那里繁衍。如今这一尝试正在进行中，衷心希望能够成功，在澳大利亚大陆再次看到它可爱的身影。

动物数据

□名称	东澳袋鼬
□分类	哺乳纲
□栖息地	塔斯马尼亚岛上的森林中
□尺寸	体长 28 ~ 45 厘米

用石头砸开坚硬的果实

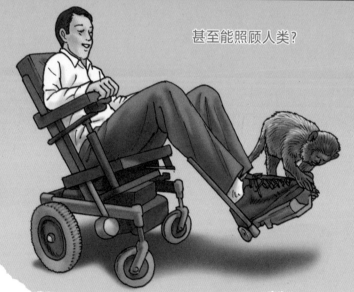

甚至能照顾人类？

聪明过头的 **黑帽悬猴**

黑帽悬猴以聪明、能使用简单工具的特点为人们所熟知。黑帽悬猴大多生活在南非的森林中，而生活在巴西的黑帽悬猴甚至会用石头砸开椰子等坚硬的果实。

黑帽悬猴很聪明，据说只要加以训练，甚至可以与人类交流。在美国甚至有人想训练出能照顾残障人士的黑帽悬猴。虽然让黑帽悬猴照顾人类是一件非常不可思议的事情，但是因为它很聪明，说不定在不久的将来，真的会出现"猴护工"。

动物数据

□名称	黑帽悬猴
□分类	哺乳纲
□栖息地	南非等
□尺寸	体长 32 ~ 55 厘米

能站在指头上的
哺乳类动物

姬鼩鼱

姬鼩鼱（qújīng）是世界上最小的哺乳类动物之一，较小的体重只有1.5～2克。虽然像老鼠，但其实它不是老鼠，而是更接近鼹鼠。因为体形很小，所以必须每隔30分钟吃一顿饭。

动物数据

- □名称　　姬鼩鼱
- □分类　　哺乳纲
- □栖息地　欧亚大陆北部的森林和湿地
- □尺寸　　体长4厘米（尾长2.5厘米）

博茨瓦纳北部有鬃毛较长的雌狮？！

2016 年 4 月，网上出现了在非洲博茨瓦纳北部，两只雄性狮子交配的照片。很多动物爱好者和相关领域的人员看到这张照片后，受到了巨大的冲击。

在没有压力的大自然，异常行为很少见！

在动物园等被栏杆围住的地方，动物们会因为压力而表现出异常行为。可是博茨瓦纳是自然环境，理论上动物不会出现因压力导致的异常行为。一名在博茨瓦纳研究狮子的人看到那张照片后，也表示从来没有见过两只雄性狮子交配。

那名研究者认为照片中并非两只雄性狮子，其中一只看起来像雄狮的狮子，或许是鬃毛较长的雌狮。

其中一只是鬃毛较长的雌狮?

在博茨瓦纳，确实偶尔能看见鬃毛较长的雌狮。

也许由于某种遗传上的原因，雌狮也会长出像雄狮一样长的鬃毛。

另外，如果雌狮在母亲的肚子里时，母体由于某种异常情况大量分泌雄激素，也有可能导致胎儿出现雄性化的情况。

无论如何，照片上的两只狮子应该不是两只雄狮，而是一只雄狮与一只外表像雄狮的雌狮在交配。这就是那次引发话题的事情的始末。

第二章

过度进化的鸟类

从持续飞行到求偶行为，
从中可以看到鸟类的过度进化。
不愧是恐龙的后代们。

转身

正面的脸

　　无论从前看还是从后看，都有一张同样的脸，这就是北美鸺鹠（xiūliú）。可是它的背后为什么会长出一张脸呢？

　　很多狩猎者被猎物发现后就会犹豫，最终放弃攻击。狮子也很少会攻击把面具戴在脑后的人，在牛的屁股上戴上面具，牛就会少遭到攻击。

　　北美鸺鹠是一种袖珍猫头鹰，可能会被更大的猫头鹰攻击，比如雕鸮。

后脑勺也有一张
同样的脸?!

于是为了避免被雕鸮从背后攻击，北美鸺鹠用背后的脸传达出"我在看着你"的信号。

动物数据

□名称　　北美鸺鹠
□分类　　鸟纲
□栖息地　北美西部
□尺寸　　全长 15 ～ 17 厘米

蜂鸟的振翅速度极快，其中有一种蜂鸟拥有格外长的鸟喙，正是剑嘴蜂鸟。它的鸟喙长达 10 厘米以上。

鸟喙长的目的是从花冠很长的花里吸食花蜜。植物花蜜的位置越深，鸟喙长的蜂鸟越容易生存下来，因为剑嘴蜂鸟可以独占这种植物的花蜜。这就是序言中提到过的协同进化。

可是如果这种花由于环境变化而灭绝，剑嘴蜂鸟也会因为长长的鸟喙而灭绝。真的是赌上性命的进化。

动物数据

□名称　　　剑嘴蜂鸟
□分类　　　鸟纲
□栖息地　　南美西北部
□尺寸　　　全长 23 ~ 24 厘米
　　　　　　（喙长约 10 厘米）

赌上性命的进化。

为了采到花冠深处的花蜜，

进化出长长鸟喙的 **剑嘴蜂鸟**

只有我能吃到

深处的花蜜！

可是……

踢中面部！

蛇鹫

用大长腿给蛇头致命一击，令人震惊的腿部技巧！

这种鸟会一边在草原上走一边寻找蛇。鸟腿上几乎没有血管，只有鳞片、皮肤和骨骼。因此就算被毒蛇咬到，也几乎不会中毒。

蛇鹫的腿很长，因此只要蛇跳得不够高，就无法给蛇鹫造成致命伤。

另外，蛇鹫会用腿集中攻击蛇头。如果蛇跳起来，蛇鹫就会瞄准头部击打；如果蛇趴在地上，蛇鹫就会踩在蛇头上将它吃掉。它就是用进化到令人震惊的腿部击败蛇的。

动物数据

□名称	蛇鹫
□分类	鸟纲
□栖息地	非洲
□尺寸	全长 1.2 ~ 1.5 米

大约要花一个小时！

斑头雁乍一看只是土气的鸟，其实是能飞越世界最高峰的鸟类之一。它能在稀薄的空气中连续飞行 8 小时，翻越喜马拉雅山脉。而且最近的研究发现，斑头雁并没有利用上升气流，而是完全靠自己的力量扇动翅膀飞越山峰的。为什么斑头雁能完成几乎不可能完成的飞越呢？

喜马拉雅山脉形成于距今 2000 万年前。当时的高度比现在低，斑头雁应该是从那时起就一直在飞越喜马拉雅山脉。随

能凭借自己的力量飞越喜马拉雅山脉，韧性极强的候鸟

斑头雁

着时间的流逝，山脉越来越高，只有能飞越如今的高度的斑头雁，才能生存下来。

动物数据

☐名称　　斑头雁
☐分类　　鸟纲
☐栖息地　中亚到南亚的湿地和农耕地带
☐尺寸　　全长约76厘米

褐色园丁鸟

缎蓝园丁鸟

雄性褐色园丁鸟会收集小树枝，建成高达1～2米的"塔"，这是它们向雌鸟求偶的舞台。塔周围用五颜六色的果实和叶子装饰得漂漂亮亮，雌鸟过来之后，雄鸟就会跳舞求偶。得到雌鸟的认可后，雄鸟会带雌鸟来到搭在别处的鸟巢，让雌鸟在巢里产卵。另外，舞台周围还可以装饰蜗牛壳、红色扶桑花等，园丁鸟科的雄鸟真不容易啊。同为园丁鸟科的缎蓝园丁鸟会收集蓝色的物体，布置在舞台周围。

求偶行为异常『浪漫』的 雄性褐色园丁鸟

动物数据

□名称	雄性褐色园丁鸟
□分类	鸟纲
□栖息地	巴布亚新几内亚
□尺寸	全长25厘米

绕世界2圈！

一年能绕地球飞2圈，

飞行时几乎不用休息的

北极燕鸥

北极燕鸥每年的飞行距离达到8万千米，能绕地球2圈，而且在北极地区、南极地区之间往返。可是北极燕鸥并不是沿直线飞行，为了利用地球上强劲的风力，它们从南极洲出发时，沿着非洲大陆的西岸向北飞行，从几内亚湾横跨大西洋，然后飞过美洲大陆东岸，北上到达北极地区。

北极燕鸥到达北极地区后会产卵育儿，等北极地区变冷后出发飞往南极地区，飞行过程中几乎不落地。

北极燕鸥的猎物是海里的鱼。就连睡觉时它们也会继续飞行，左右脑交替保持清醒。它们为什么能持续飞行如此长的距离，至今为止依然是一个未解之谜。

动物数据

□名称	北极燕鸥
□分类	鸟纲
□栖息地	北极圈和南极圈附近的海岸等
□尺寸	全长33～36厘米

喜欢吃骨头，连骨髓都不放过

食性极其古怪的 胡兀鹫

下巴上长『胡子』是为了吃骨髓?!

胡兀鹫的体格相当魁梧。可是不知道为什么，比起肉来它更喜欢吃骨头，是个奇怪的家伙。胡兀鹫尤其喜欢骨髓，会将喙伸进骨头里吸食骨髓。为了不弄脏身体，它的下巴上长着"胡子"。

胡兀鹫会叼着山羊和绵羊的大腿骨从高处扔下，在石头上摔碎，然后从碎的骨头里吸食骨髓。胡兀鹫是唯一一种喜欢吃骨髓的兀鹫，其他兀鹫都会把骨头剩下。想问问它为什么会变成这样？真是食性古怪的兀鹫。

动物数据

□名称	胡兀鹫
□分类	鸟纲
□栖息地	亚洲、非洲的高山上
□尺寸	全长 1.2 米

毒鸟

我也是。

杂色林鵙鹟

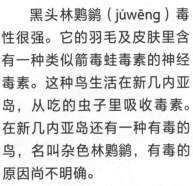

黑头林鵙鹟

黑头林鵙鹟（júwēng）毒性很强。它的羽毛及皮肤里含有一种类似箭毒蛙毒素的神经毒素。这种鸟生活在新几内亚岛，从吃的虫子里吸收毒素。在新几内亚岛还有一种有毒的鸟，名叫杂色林鵙鹟，有毒的原因尚不明确。

发现黑头林鵙鹟有毒的，是一位澳大利亚的学者，他竟然舔了这种鸟。结果他口腔麻痹，认为这种鸟有毒，于是经过研究后发现了毒素的成分。现在，人们已经知道这是一种危险的毒鸟，手只要碰到它就会发麻。

动物数据

- □名称　　黑头林鵙鹟
- □分类　　鸟纲
- □栖息地　印度尼西亚、巴布亚新几内亚
- □尺寸　　全长25厘米

利用细树枝

让树洞里的幼虫咬住树枝

小菜一碟。

钓上来了！

比原始人更聪明?!
会使用工具捕猎的
新喀鸦

这是一种生活在南太平洋新喀里多尼亚岛上的鸟类，它们非常聪明，甚至会使用工具捕猎。新喀鸦会把细树枝插进天牛幼虫所在的树洞，让幼虫咬住树枝，然后把树枝提起来。另外，它还会把像芦荟一样有刺的叶子切成细条，插进嘴巴够不到的地方，让蛞蝓等挂在刺上，然后把叶子拉出来，真是了不起的捕食技巧。

以前，有学者在看到新喀鸦的技能后大吃一惊，甚至在论文中写道：它们比原始人更聪明。

动物数据

□名称	新喀鸦
□分类	鸟纲
□栖息地	新喀里多尼亚岛的森林中
□尺寸	全长 40 ~ 43 厘米

我不会沉下去哟！

美洲水雉能在浮叶植物的叶子上漫步。因为它的脚趾很长，所以能分散体重，自由地在王莲叶这类叶子上漫步，而不用担心沉下去。美洲水雉还会飞，所以就算快要沉下去了，只要飞起来就好。虽然美洲水雉的样子在人类眼中有些奇怪，不过这种身体结构确实很方便。

可是它为什么要站在水面的叶子上呢？原因在于叶子背面有食物。美洲水雉会翻过叶子，捕食叶子背面的虾和昆虫。

雌性美洲水雉比雄性更大，繁殖时是一雌多雄。另外，美洲水雉的特点是翅膀上有"刺"。

动物数据

□名称	美洲水雉
□分类	鸟纲
□栖息地	中美、南美的湿地
□尺寸	全长 21 ~ 25 厘米

我平时是这个样子的。

捕鱼中

黑鹭

利用翅膀投在水面上的阴影来捕鱼，了不起的技能！

黑鹭会在池沼和湖边水浅的地方张开双翼，摆出像伞一样的造型。这是为了在水面投下阴影，引诱鱼等猎物靠近。

鱼在水中喜欢躲在阴影或暗处，因此制造阴影可以引诱鱼。另外，光反射在水面上时，会看不清水中的景象，不过在暗处就不存在这个问题。只要鱼群靠近，黑鹭就能灵巧地捕食。

用翅膀围成伞状捕鱼，在鹭科动物中，只有黑鹭掌握这种神奇的技能。

动物数据

□名称	黑鹭
□分类	鸟纲
□栖息地	中非及南非湿地
□尺寸	全长 40 ~ 60 厘米

雄性灌丛冢雉是冢雉科动物，会筑巨大的鸟巢。它会用腿把落叶和泥土堆成隆起的土堆。土堆直径能达到 4 米，高达 1 ~ 2 米。

土堆顶上有凹槽，雌性灌丛冢雉可以把卵埋在里面，再填入叶子，等土堆里的叶子腐烂后，利用发酵的热量孵蛋。这时雌性已经离开，只有雄性一直在看管土堆，它会把鸟喙插到土堆里检查温度。为了让温度保持在 33℃左右，雄性灌丛冢雉需要在温度过高时踢开叶子，温度过低时增加叶子……它们为什么这么努力?!

然而雏鸟孵化后，雄性灌丛冢雉却会立刻无情地离开。

土堆的全貌

动物数据

□名称	雄性灌丛冢雉	
□分类	鸟纲	
□栖息地	澳大利亚东北部到东部的森林	
□尺寸	全长 60 ~ 70 厘米	

竟能做到这种地步！

过于努力的 **雄性灌丛冢雉**

加油！

三宝鸟会给幼鸟易拉罐的拉环？！

尖尖的鸟喙

三宝鸟属于佛法僧科的鸟类。人们以为三宝鸟的叫声听起来像日语里"佛法僧"的发音，实际上这种叫声是另一种鸟发出的，因为三宝鸟总是出现在这种鸟附近，所以被人类弄错了。真正的三宝鸟只会发出嘎嘎的叫声。

鸟巢里有易拉罐拉环、瓷器碎片……

　　人们在三宝鸟的巢里发现了易拉罐的拉环、瓷器碎片、蜗牛壳、贝壳等。成鸟有结实的鸟喙，能轻易咬碎这些硬物，不过它们真正的食物是蜻蜓、蝉等昆虫。

　　为什么三宝鸟的巢里会有这些硬物呢？其实是给幼鸟吃的。

　　可是，把易拉罐拉环和贝壳等硬物给幼鸟吃，真的不要紧吗？看起来很没营养。

硬物能帮助幼鸟磨碎坚硬的昆虫

　　其实没关系。让硬物进入消化器官，是为了磨碎成鸟带来的坚硬的昆虫的壳。

　　尽管吃易拉罐的拉环等硬物并不是为了吸收营养，不过它们却是帮助消化的重要工具。

　　顺带一提，三宝鸟可以边飞边逮住昆虫，真是灵活的鸟。

三宝鸟每次产 3 ~ 4 颗卵。它是夏候鸟，春天迁到繁殖地。到了秋天，迁离繁殖地。

三宝鸟的栖息范围广，既可以生活在平地，也可以生活在山岳地带靠近水源的森林里。

大家说不定有机会看到成鸟把易拉罐拉环喂给幼鸟的画面，如果能看到，绝对是超级稀罕的大发现。

第三章

本章为大家介绍爬行动物、
两栖动物和鱼类等。
受欢迎的技巧、
厉害的技能将一一登场！

过度进化的爬行动物、两栖动物和鱼类等

伸出长长

的脖子

　　大家总觉得龟的脖子都很短，其实不是。巨蛇颈龟的脖子能伸到和龟甲一样长。

　　遇到猎物后，它会迅速伸长脖子，像蛇一样一口咬住猎物并吃掉。而且巨蛇颈龟的头又平又大，捕食相对容易。

　　巨蛇颈龟大部分时间生活在河流、池沼等地，很少上岸，以水中的鱼、两栖动物、贝类为食。

脖子和龟甲一样长，

头又平又大的 **巨蛇颈龟**

大概是因为这个原因，巨蛇颈龟的脚蹼也比其他龟大，而且更擅长游泳。

动物数据

☐名称　　　巨蛇颈龟
☐分类　　　爬行纲
☐栖息地　　澳大利亚东部
☐尺寸　　　龟甲长 48 厘米（最大）

　　拟态的动物以章鱼为首，种类繁多。

　　蛛尾拟角蝰的尾巴尖形似蜘蛛的样子，而且还会像活的蜘蛛那样引诱猎物靠近。尾巴是诱饵，引诱的目标是鸟。

　　当鸟儿把它的尾巴当成蜘蛛来啄时，鸟儿很可能就会因此走向生命的尽头。它会张开大嘴袭击鸟。

　　蛛尾拟角蝰的速度很快，瞬间就会咬住鸟吞下去。

动物数据

□名称	蛛尾拟角蝰
□分类	爬行纲
□栖息地	伊朗西部的山岳地带
□尺寸	全长 84 厘米（雄性）

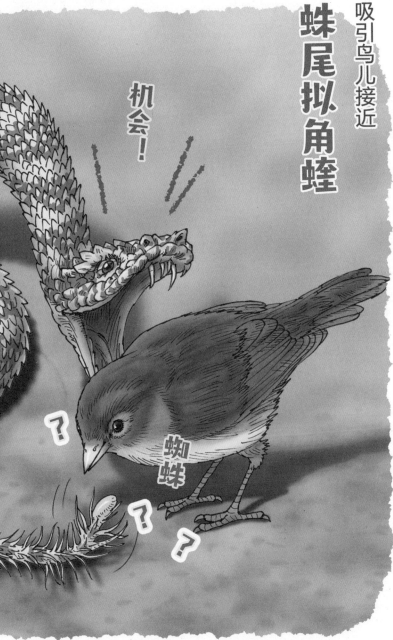

孩子在经受瀑布的冲刷，
父母在泥土之中！

印度紫蛙长着尖尖的口鼻。不过它的最大特点是在栖息地的选择上。印度紫蛙住在土里，而且一年中大部分时间都会在土中度过，唯一离开的时候是雨季。那段时间里，为了繁殖，印度紫蛙会在地面上生活 2 周。

产卵后，它会用 1 ~ 2 天时间孵卵，之后蝌蚪出生。刚出生的蝌蚪会用嘴里的吸盘将自己吸附在瀑布背面的石头上，在激流的冲刷下以藻类为食，不断成长。

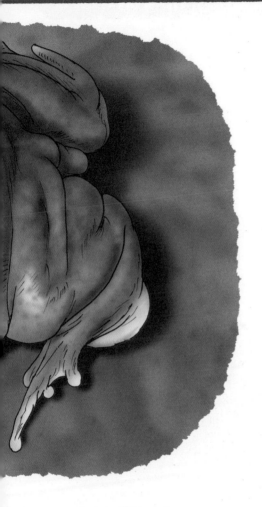

印度紫蛙

蝌蚪在瀑布的冲刷下成长，长成蛙后一生都在土中

土中与激流，它的生活就像印度的苦行僧一样。

动物数据

□名称	印度紫蛙
□分类	两栖纲
□栖息地	印度南部
□尺寸	体长 5 ～ 9 厘米

以前，
我还去过日本。

这可真是大！

全长 6.17 米的洛龙

提到鳄鱼，大家总会想到尼罗鳄、中介鳄等凶猛的大型鳄鱼。它们在水边埋伏，等猎物出现后突然袭击。鳄鱼衔着猎物不断旋转晃动的样子着实吓人。

湾鳄同样是危险的大型鳄鱼。它能够顺着海流进行长距离移动，从东南亚出发，栖息范围很广（在日本也有发现）。湾鳄会袭击人类，2011 年，在菲律宾捕获的雄性湾鳄"洛龙"吃掉了两个人。它全长达到 6.17 米，创造了一项吉尼斯世界纪录。

吃掉两个人！
像恐龙一样的 **湾鳄**

动物数据

☐ 名称　　湾鳄
☐ 分类　　爬行纲
☐ 栖息地　东南亚、澳大利亚沿
　　　　　海及淡水区域
☐ 尺寸　　全长 4 ~ 7 米

这是世界上最重的蟹！

来尝尝吧！

巨大拟滨蟹

据说巨大拟滨蟹是世界上最重的蟹。它的甲壳宽度能达到 45 厘米，最大的能达到 60 厘米。蟹脚伸开后足展能达到 1.5 米，雌性体重远远超过 10 千克，真是又大又重啊！另外，雌性巨大拟滨蟹的钳子有惊人的力量，要是在海里遇见，靠近它是很危险的。

巨大拟滨蟹生活在澳大利亚沿海，人类会将其捕捞食用。

动物数据

□名称	巨大拟滨蟹
□分类	软甲纲
□栖息地	澳大利亚沿海
□尺寸	甲宽 45 ~ 60 厘米

啊，看起来很好吃！

叽叽……

　　钟角蛙样子有些萌，绿色的身体上有黑色或者褐色的斑纹，是一种神奇的蛙。圆滚滚的体形很独特，是一种很受欢迎的宠物。不过这家伙可是个大馋猫，只要眼前有东西在动，就会用力咬住，甚至有的饲主会不小心被它咬住手指头。竟然想吃主人的手指头，这样的宠物再怎么可爱也不能大意。野生钟角蛙动作灵活，会伏击小动物。

　　钟角蛙是生活在南美洲的人气蛙。

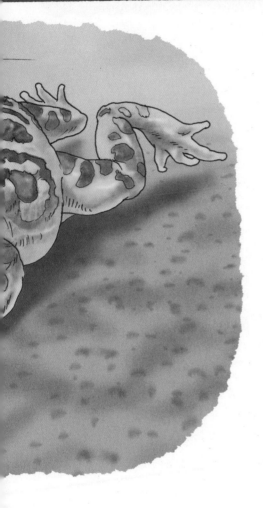

虽然圆滚滚的很可爱，
却是个大馋猫

钟角蛙

动物数据

□名称	钟角蛙
□分类	两栖纲
□栖息地	阿根廷、乌拉圭、巴西南部草原
□尺寸	体长 10 ~ 12 厘米

有名的剧毒生物

　　毒性沙海葵生活在夏威夷群岛的近海。虽然它没有刺细胞（毒针），但是却有剧毒，在世界剧毒生物排行榜中名列前茅，毒性之强甚至能达到氰化钾的10万倍。人类只是在毒性沙海葵的附近游泳就会死掉，拥有强大毒素的生物竟然如此厉害！

毒性沙海葵

动物界毒性最强的动物之一在夏威夷！

动物数据

□ 名称　　毒性沙海葵
□ 分类　　珊瑚虫纲
□ 栖息地　夏威夷群岛周围
□ 尺寸　　体高 3.5 厘米

日本奄美大岛的海底出现了直径达到2米的神奇圆形图案，其实是10~15厘米长的小鱼创作的。这个细致的、仿佛海底遗迹一样的圆形图案虽然很久以前就为人们所熟知，但真相始终是个谜。不过最近人们发现，这是雄性白斑窄额鲀为了向雌性求偶，用腹鳍和胸鳍在细砂上"画"成的图案。

雌性被雄性引诱进入圆圈，最后在圆圈里产卵。小小的白斑窄额鲀竟然能"画"出这么大的图案，真是神奇呢！

动物数据

□名称	雄性白斑窄额鲀
□分类	辐鳍鱼纲
□栖息地	琉球群岛近海、日本奄美大岛南部
□尺寸	体长10~15厘米

海底的『麦田怪圈』，
创作者是一种小鱼

雄性白斑窄额鲀

这一圈不是
外星人做的，
是我啦！

天堂金花蛇

天堂金花蛇是一种能在天上"飞"的蛇，它能一边扭动身体一边在空中滑翔，从一棵树飞到另一棵树。切开这种蛇的身体，横截面就是普通的圆形。可是它飞行时会展开肋骨，让身体变平或者凹陷，一边借助风力一边改变方向，甚至可以悠然地滑翔100米的距离。

天堂金花蛇有毒，为什么名字里还会有"天堂"两个字呢？因为它的颜色确实很醒目，让人有天堂般美好的感觉。1米长的蛇在空中"飞翔"，要是真的看到这种景象，恐怕有的人会觉得恐怖吧。

动物数据

□名称	天堂金花蛇
□分类	爬行纲
□栖息地	东南亚的森林
□尺寸	全长1~1.2米

有没有猎物呢？

哔

哔　哔

彼氏锥颌象鼻鱼的下颌可以发出弱电，像雷达一样探知隐藏在水下的猎物。它长长的下颌看起来像大象的鼻子。不过它的视力很差，寻找猎物更擅长依靠电。

野生彼氏锥颌象鼻鱼生活在非洲的尼日尔河与刚果河等地，在当地是一种食用鱼。

这是一条长着长鼻子的鱼吗？

彼氏锥颌象鼻鱼

虽然速度慢，不过可以吃棘冠海星。

嗯？真的假的？

棘冠海星

法螺究竟哪里过度进化了呢？它能吃珊瑚的天敌——棘冠海星。棘冠海星有剧毒，而且全身覆盖尖刺。如果棘冠海星的数量众多，就能将珊瑚吃光。有说法认为棘冠海星的泛滥，有可能是因为法螺捕捞过度。

就算是人类，如果被棘冠海星的刺扎到也会中毒，甚至死亡，而法螺竟然能缓缓吃下如此危险的棘冠海星。出人意料的是，棘冠海星的毒似乎对法螺无效。

法螺

僧侣吹奏的『乐器』，会吃有剧毒的棘冠海星！

- 名称　　法螺
- 分类　　腹足纲
- 栖息地　西太平洋、印度洋
- 尺寸　　壳高 20 ~ 40 厘米

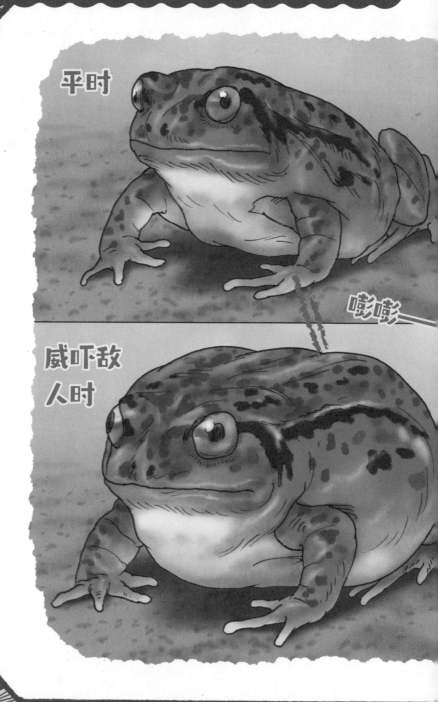

平时

威吓敌人时

嘭嘭

雌性安东暴蛙

像番茄一样鲜红，
会膨胀身体威吓其他生物的

安东暴蛙是马达加斯加岛的特有物种。雌性体长 9 ~ 11 厘米，雄性略小，有 6 ~ 7 厘米。就像它的别名番茄蛙一样，雌性通体像番茄一样鲜红。受到敌人袭击时，它会膨胀身体威吓敌人。这时，它的皮肤会分泌出白色的毒性黏液来保护自己。

安东暴蛙是夜行性动物。旱季时，它会钻进沙地里休眠。进入雨季后，雄性安东暴蛙聚集在一起向雌性求偶。雌性在水边大量产卵。

由于栖息地马达加斯加岛的环境污染等问题，安东暴蛙的数量已经大幅减少。

动物数据

□名称		安东暴蛙
□分类		两栖纲
□栖息地		马达加斯加岛东北部
□尺寸		体长 6 ~ 11 厘米

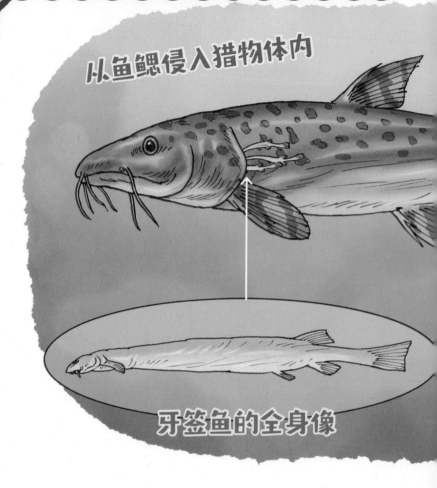

从鱼鳃侵入猎物体内

牙签鱼的全身像

　　牙签鱼是生活在亚马孙河的一类小型鲇鱼的总称，长度从3 厘米到 30 厘米不等。它身体细长，能钻入比自己更大的鱼的鱼鳃中，侵入其体内，从内部蚕食猎物。

　　牙签鱼还会进入在河里洗澡的人体内，让当地居民非常害怕。它从尿道、肛门等处进入人体，因为牙签鱼的鳃盖上有倒刺，一旦进入就无法拔出，只能通过手术取出。

身体细长，能侵入猎物体内，

恐怖的 **牙签鱼**

当地人认为这种鱼比食人鱼还可怕，只是想想就觉得痛。

动物数据

- □ 名称　　牙签鱼
- □ 分类　　辐鳍鱼纲
- □ 栖息地　亚马孙河流域
- □ 尺寸　　体长 3 ~ 30 厘米

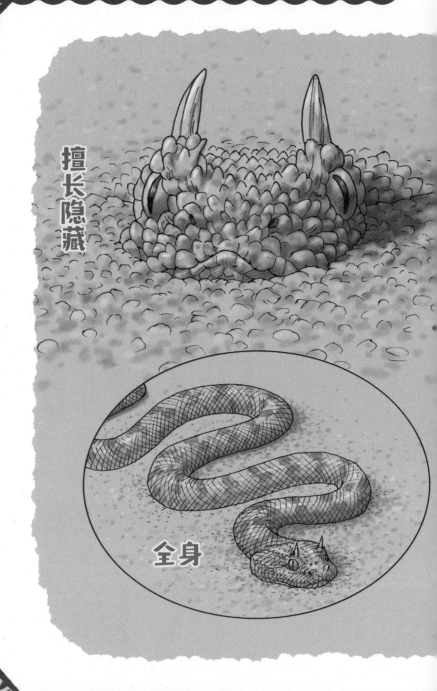

擅长隐藏

全身

非洲角蝰

捕猎时身体藏在沙子里，只露出眼睛和凸起的角鳞

非洲角蝰住在非洲北部和阿拉伯半岛，是一种毒蛇。它会藏在干燥的沙子里，只露出眼睛和两个像角一样的凸起伏击猎物。

住在沙漠里的很多蛇，眼睛上都有两个凸起，目的是防止沙子入眼。

只冒出角状凸起和眼睛的非洲角蝰看上去挺可爱，不过它毒性很强，是一种危险的动物。

动物数据

□名称	非洲角蝰
□分类	爬行纲
□栖息地	非洲北部到阿拉伯半岛
□尺寸	全长 60 ~ 85 厘米

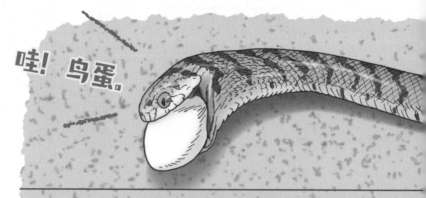

哇! 鸟蛋。

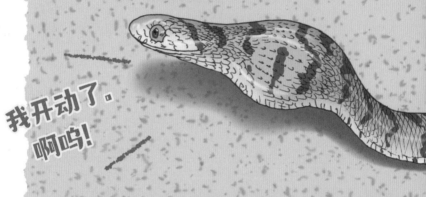

我开动了。
啊呜!

只吐出蛋壳

呕——

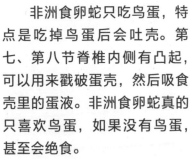

非洲食卵蛇只吃鸟蛋，特点是吃掉鸟蛋后会吐壳。第七、第八节脊椎内侧有凸起，可以用来戳破蛋壳，然后吸食壳里的蛋液。非洲食卵蛇真的只喜欢鸟蛋，如果没有鸟蛋，甚至会绝食。

因为只需要喂食鸟蛋，所以养殖的非洲食卵蛇是一种人气宠物。它一边伸缩肌肉，一边吐出蛋壳的动作相当惊人，很有看头。

动物数据

☐名称	非洲食卵蛇
☐分类	爬行纲
☐栖息地	非洲大陆（除撒哈拉沙漠之外）、阿拉伯半岛
☐尺寸	全长 50 ~ 100 厘米

只吃鸟蛋，还会吐壳的

非洲食卵蛇

箭毒蛙

  在箭毒蛙中，黄金箭毒蛙的毒性最强。它自身并不分泌毒素，而是将吃掉的小昆虫身上的毒囤积在体内，然后从皮肤分泌出毒素。

  哥伦比亚的土著狩猎时会用它的毒素作为箭毒。黄金箭毒蛙不仅有鲜艳的黄色，也有橙色或者像薄荷一样的绿色。

触碰到就可能会死?!

黄金箭毒蛙

在箭头上淬毒　把箭吹出去

哥伦比亚土著

动物数据

□名称	黄金箭毒蛙
□分类	两栖纲
□栖息地	哥伦比亚的森林地带
□尺寸	体长 5 ~ 6 厘米

099

就算眼睛看不见
也完全没问题。

　　洞螈是住在洞穴中的动物。它的身体上有一层薄薄的皮肤，呈发黄的白色或者浅粉色。它四肢上都有指（趾），形态独特。幼体期能看到眼睛，不过眼睛会随着生长逐渐隐于皮肤里消失不见。这是因为幼体期还保留着祖先的形态。

　　洞螈会在钟乳洞等洞穴中度过一生，在水中扭动着身体游泳。就算不进食也能活很久，据说寿命能达到 100 年以上。与

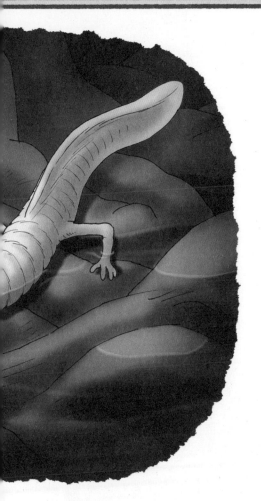

洞螈

住在欧洲幽深的洞穴中，
过于奇特的两栖动物

地面完全不同的环境孕育出了这种神秘的生物。

动物数据

☐名称　　洞螈
☐分类　　两栖纲
☐栖息地　斯洛文尼亚、克罗地亚、波黑的洞穴中
☐尺寸　　体长 20 ~ 40 厘米

能吞下 34 千克重的鹿的蟒
和能吞下鳄鱼的蚺

蚺

世界上两类最大的蛇是蟒和蚺。

蟒生活在非洲、大洋洲和东南亚等地。其中最大的品种网斑蟒身长能达到 12 米，是一种巨蛇。

另外，蚺主要生活在南美洲。其中最大的亚马孙森蚺身长也能达到 10 米，和网斑蟒并称为世界两大巨蛇。

二者最大的区别在于，蟒是卵生动物，蚺是卵胎生动物。不过二者都没有毒，捕猎的方法非常相似。

用身体绞杀猎物

它们会利用又长又粗的身体缠住猎物，将其绞杀。过去，人们认为猎物是被缠住后窒息死亡的，其实并非如此，猎物是被缠到心脏停止跳动而死亡的。

这种方法能迅速解决猎物，而且能碾碎猎物的骨头，从而更容易吞咽。

顺带一提，无毒的蛇杀死猎物的方法一般都是绞杀。蛇的大小不同，能捕食的猎物不同，不过方法都是一样的。

之后，蛇会将猎物整个吞下，慢慢消化，吸收营养。

袭击人类的蟒

蟒曾袭击 34 千克重的鹿，甚至出现过蟒袭击人类的报道。

曾经有人看到过蚺从头吞下鳄鱼的景象。不过有的蚺也会被鳄鱼打败。

令人称奇的是，有的蟒和蚺会囫囵吞下山羊，可是无法消化山羊的角，结果被山羊的角捅破了肚子。真是一种自杀行为。看来如果不区分猎物，就算绞杀了猎物，也有可能死于猎物之手。

蟒

第四章

过度进化的虫子们

本章为大家介绍多种多样的虫子，
从美丽的虫子到奇形怪状的虫子应有尽有。

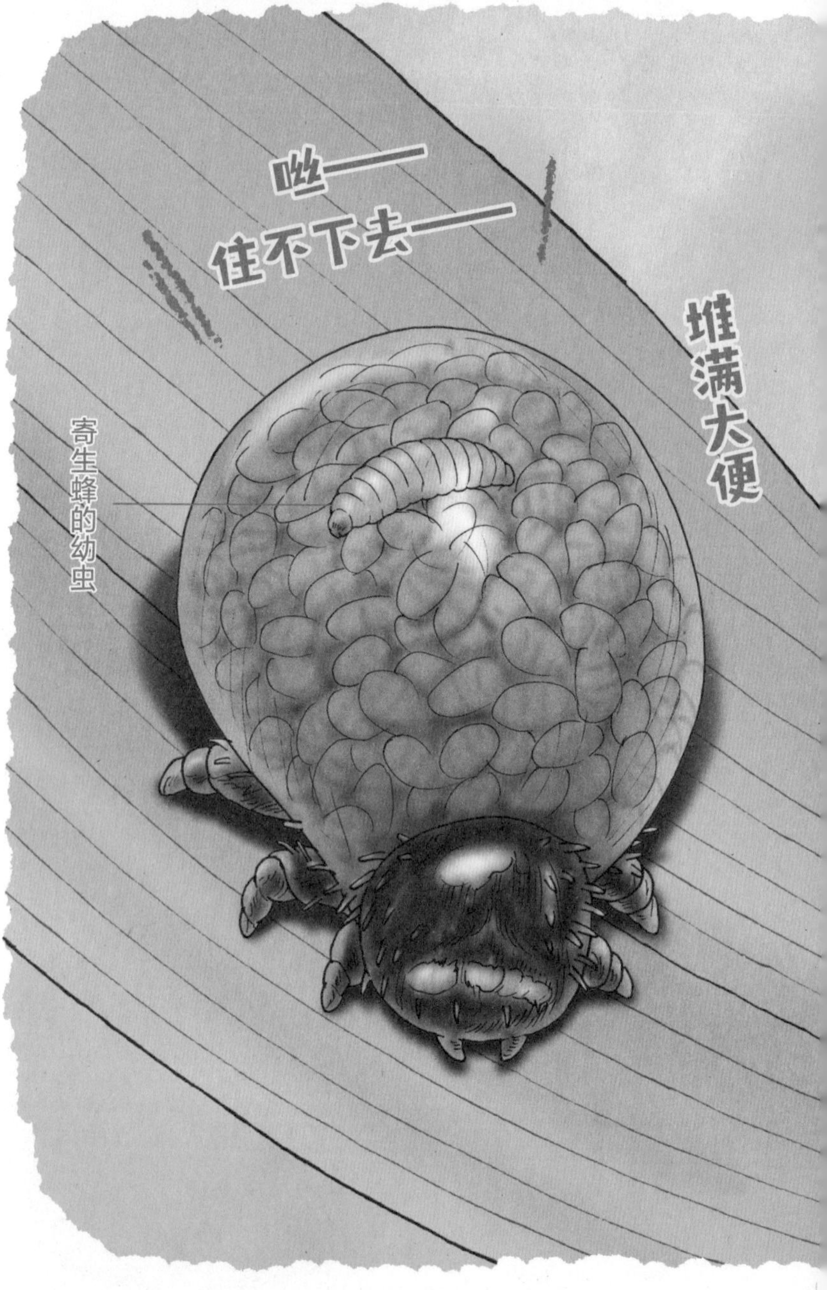
呦——
住不下去——
堆满大便
寄生蜂的幼虫

水稻负泥虫幼虫

水稻负泥虫的幼虫把大便排出体外后，堆积到背上。

但是，这样的幼虫还是有天敌存在，那就是寄生蜂。寄生蜂会把自己的卵产在水稻负泥虫的幼虫体内，让自己的孩子以幼虫的身体为食。

那么水稻负泥虫幼虫如何应对呢？它在体表堆满大便，厚厚的粪便会形成保护层，寄生蜂不容易穿透粪便层，无法住在水稻负泥虫幼虫体内了。

动物数据

□名称	水稻负泥虫幼虫
□分类	昆虫纲
□栖息地	日本、中国
□尺寸	体长 4 ~ 6 毫米

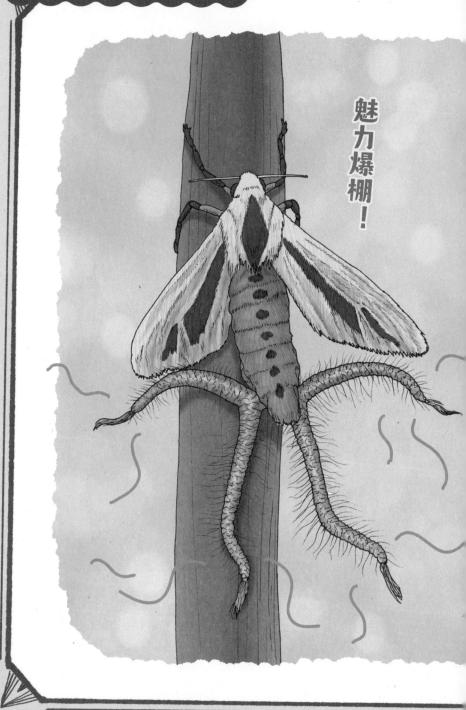

魅力爆棚！

黑条灰灯蛾

尾部有四条毛茸茸『尾巴』的毛虫？

黑条灰灯蛾的特点是有四条像毛毛虫一样毛茸茸的"尾巴"。就算是喜欢虫子的人，也会将它排在"恶心的虫子排行榜"的前列。

可是这种毛茸茸的尾部对雄性黑条灰灯蛾来说非常重要，因为尾部分泌的激素能吸引雌性。

黑条灰灯蛾利用某种激素的气味向异性展现魅力，而这四条毛茸茸的"尾巴"就是分泌这种激素的器官。如果没有它们，黑条灰灯蛾就无法留下后代，所以它们是非常重要的。

动物数据

- □ 名称　　黑条灰灯蛾
- □ 分类　　昆虫纲
- □ 栖息地　亚洲南部、澳大利亚北部
- □ 尺寸　　体长 4 厘米

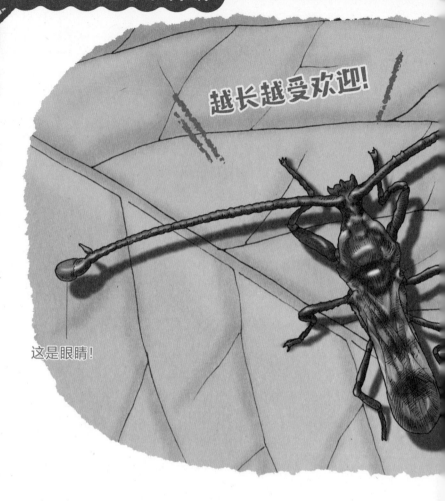

越长越受欢迎!

这是眼睛!

　　突眼蝇头部的长柄并不是触角，而是用来连接眼睛的，长柄的顶端是眼睛。

　　雄性突眼蝇的柄越长，在雌性中越受欢迎，会繁衍出有更长长柄的后代，让柄进化得越来越长。

　　另外，长柄还有其他优点，比如视野宽阔，容易判断与猎物之间的距离。

　　大家是不是认为柄太重，会导致行动不便呢？其实雌性之

突眼蝇

震惊！眼睛长在和身体一样长的长柄上

这是眼睛！

所以喜欢有长柄的雄性，正是因为雄性能承受长柄的重量，才说明雄性的力量强大。雄性真不容易啊。

动物数据

☐ 名称　　突眼蝇
☐ 分类　　昆虫纲
☐ 栖息地　欧洲、非洲、亚洲等
☐ 尺寸　　体长 4 ~ 10 毫米，根据
　　　　　种类不同而有所不同

111

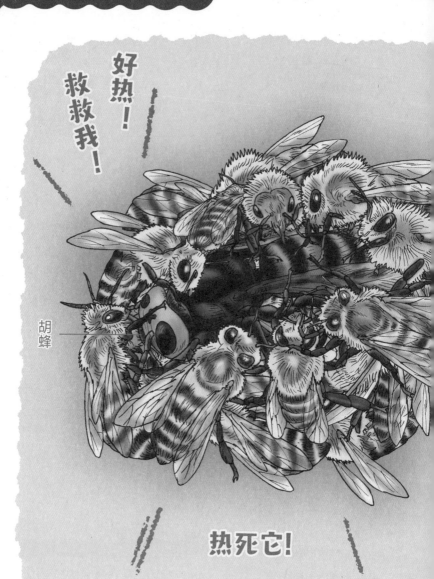

日本蜜蜂

胡蜂是日本蜜蜂的天敌。就算是较小的胡蜂，体形也是日本蜜蜂的 2 倍，大的胡蜂甚至有日本蜜蜂的 3 倍大。胡蜂会杀死日本蜜蜂，带回去作为自己幼虫的食物。

可是日本蜜蜂也不会束手待毙，它们有必杀技——蜂球。几十上百只日本蜜蜂会围住胡蜂，形成一个圆球，将它热死。胡蜂无法在温度超过 45℃ 的环境中生存，可是日本蜜蜂却能在 49℃ 的环境中生存。日本蜜蜂正是利用温度差杀死胡蜂的。

动物数据

□名称	日本蜜蜂
□分类	昆虫纲
□栖息地	日本大部分地区
□尺寸	体长 1.3 厘米

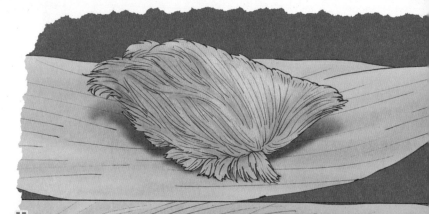

非常危险的毛球们

伪装成猫毛球的 **绒蛾幼虫**

蓬松的毛下面是毒针！

这种小虫子体长 3～4 厘米，全身覆盖着像猫毛一样的绒毛，俗称猫毛虫，是绒蛾的幼虫。虽然它让人情不自禁地想要碰触，但其实毛下面藏着毒针，如果扎到人，就会引起强烈的疼痛。

绒蛾幼虫多生活在北美南部地区，不过 2020 年秋天，美国东部的弗吉尼亚州也发现了大量绒蛾幼虫，成了一条大新闻。被扎到的女性手指剧痛，接受了治疗，3 天后才康复。另外，人被扎到后还会出现头痛、发热、呕吐等症状，非常危险。

动物数据

□名称　　绒蛾幼虫
□分类　　昆虫纲
□栖息地　美国东部、墨西哥等
□尺寸　　体长 3～4 厘米

流星锤蜘蛛

说到蜘蛛，大家普遍会想到结网，它们会用黏黏的蛛丝粘住猎物，避免猎物逃走。

流星锤蜘蛛也会吐丝，不过不会织网。流星锤蜘蛛让一根丝从腿部垂下，等到猎物蛾子来到后，就会挥动蛛丝。蛾子会像猫见到了逗猫棒一样冲向蛛丝。这也难怪，因为蛛丝的末端有一个黏球，黏球会散发出和雌性蛾子的性外激素相同的气味。闻到这种气味的雄性蛾子会被彻底俘获。

动物数据

□名称	流星锤蜘蛛	
□分类	蛛形纲	
□栖息地	南美洲和北美洲的森林中	
□尺寸	体长 1.4 厘米	

117

是水滴！

嘴边。

自动流到

纳米布沙漠是世界上最古老的沙漠之一，作为自然遗产被列入《世界遗产名录》中。生活在这片沙漠上的纳米布沙漠甲虫有神奇的补水法，那就是倒立着收集沾在身体上的水滴来摄入水分。

这片沙漠很容易起雾，雾会随风飘动。雾中含有水汽，只是会随风飘走，因此沙漠中没有水。

于是，纳米布沙漠甲虫进化出了神奇的技巧，那就是倒立。

倒立在雾中，
用身体收集水分的
纳米布沙漠甲虫

雾中的水汽沾在纳米布沙漠甲虫身上形成水滴后，水会顺着倒立的身体流到嘴边，这样一来它就能喝到水了。

动物数据

☐ 名称　　纳米布沙漠甲虫
☐ 分类　　昆虫纲
☐ 栖息地　非洲沙漠地区（主要在纳米布沙漠）
☐ 尺寸　　体长 1.5 ～ 2.5 厘米

世界上最大的蜘蛛

亚马孙巨人食鸟蛛

尺寸超大，甚至能袭击鸟的狼蛛

　　亚马孙巨人食鸟蛛又叫哥利亚巨人食鸟蛛，是世界上最大的蜘蛛，体长可达10厘米，有的亚马孙巨人食鸟蛛伸开腿后甚至能达到30厘米。

　　虽然对人类来说，亚马孙巨人食鸟蛛的毒性很弱，不过要是被咬到，仍会有和被胡蜂蜇到一样程度的痛感，不容小视。另外，敌人出现时，它会用脚刮下身上的刺毛撒向敌人。如果这种毛进入人类的眼睛，人会感觉格外痒，它确实拥有能给人造成麻烦的武器啊。

动物数据

- □ 名称　　亚马孙巨人食鸟蛛
- □ 分类　　蛛形纲
- □ 栖息地　南美洲北部的热带雨林
- □ 尺寸　　体长10厘米（包括腿在内能达到20~30厘米）

毒针

黑粗尾蝎

黑粗尾蝎，名字很霸气，也确实是一种棘手的动物！它在蝎子里属于大型品种，而且令人震惊的是又粗又长的尾巴尖上的毒针，带有大量毒素。尽管这种毒的毒性不算强，但如果体重轻的孩子被它刺中，毒液大量注入身体，很有可能危及生命。

另外更糟糕的是，黑粗尾蝎有向敌人洒毒的习性。如果毒液进入眼睛会导致失明。

动物数据

□名称	黑粗尾蝎
□分类	蛛形纲
□栖息地	非洲东南部
□尺寸	体长 10 ~ 15 厘米

金属蓝蛛

蓝宝石华丽雨林

金属蓝蛛、蓝宝石

华丽雨林

金属蓝蛛、蓝宝石华丽雨林……美丽的蓝色蜘蛛并不少见。目前尚未查明它们为什么是蓝色的，不过蓝色一定有某种作用。

人所看见的颜色与其他生物所看见的颜色有所不同。有说法认为它们的身体虽然在人类眼里是蓝色的，不过在蜘蛛眼中却是红色的。

动物数据

- □名称　　金属蓝蛛
- □分类　　蛛形纲
- □栖息地　泰国、缅甸等
- □尺寸　　体长 4 ~ 6 厘米（包括腿在内能达到 8 ~ 12 厘米）

125

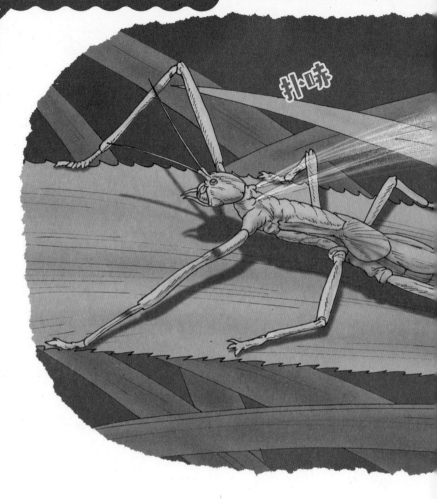

扑哧

这种趴在露兜树叶子上的独特虫子属于竹节虫的一种。鲜艳的绿色是保护色，雌性比雄性大，体长一般能达到 10 ~ 13 厘米。

它们在感到危险时，头部后方的腺体会像喷雾器一样喷出薄荷味的液体。

有不少生物喜欢柑橘的气味，也有不少生物讨厌薄荷的气

啊!

薄荷竹节虫

味,因此薄荷味的液体能击退前来袭击的蜘蛛。但对人类来说,薄荷味可是清爽怡人的香味啊。

动物数据

□名称	薄荷竹节虫
□分类	昆虫纲
□栖息地	澳大利亚东海岸等
□尺寸	体长 10 ~ 13 厘米（雌性）

有的生物可以在外太空生存！

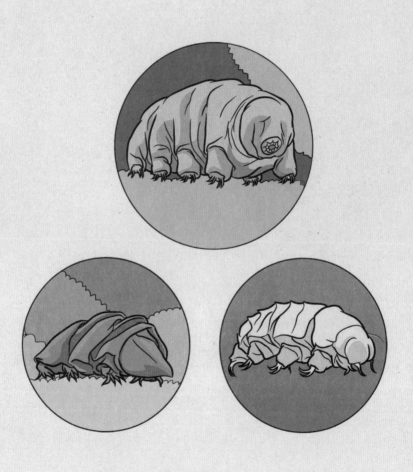

有一类生物叫缓步动物，尽管体长还不到 1 毫米，却被称为史上最强的动物。

缓步动物俗称熊虫，虽然名字里有虫，不过并不属于昆虫。它们生活在世界各地有水的地方，有不少熊虫生活在苔藓中。

因为走路缓慢，所以叫缓步动物

因为它们的身体小，样子像熊，所以有了熊虫这个名字。熊虫的 8 个足上各有 4 ～ 8 个爪，它们就是用这些爪来走路的。由于走路速度缓慢，所以被称为缓步动物。尽管它们生活在水中，却不会游泳，在水中也是缓慢行走。

熊虫的种类繁多，有 600 余种。

这种动物历史悠久，据已发现的化石推测，在距今 5 亿年前的寒武纪时代，它们就已经存在了。恐龙生活在距今 2 亿年前到 7000 万年前，熊虫的历史比恐龙还久。

熊虫之所以被称为史上最强动物，是因为有"干眠"状态。一旦没有水分，熊虫就会进入休眠，就像熊会冬眠一样，不过熊虫休眠不是因为到了冬天没有猎物，而是因为干燥。

当熊虫进入"干眠"状态后，就会成为史上最强的动物。

它们会发挥出无与伦比的耐受力。"干眠"中的熊虫能忍受 149℃的高温，还能忍受 −272℃的低温。

"干眠"中的熊虫甚至可以在真空中生存，不害怕紫外线辐射，在高压下也没问题。

经受过美国国家航空航天局实验的强悍熊虫

美国国家航空航天局为了了解熊虫的强悍程度，曾经让它们坐火箭上过太空，而且把它们暴露在极端的太空环境中。

尽管环境如此恶劣，熊虫依然活下来了，可见它们有多强！

可是这种强悍仅存在于"干眠"状态，一旦补充水分唤醒熊虫，它们就不再强悍。只有缺水时强悍，熊虫真是一种神奇的生物啊。

顺带一提，尽管只要补充水分就能将熊虫从休眠中唤醒，可是饲养熊虫非常困难，几乎没有成功案例。

尽管是史上最强生物，却也是一种难养的小动物。

第五章

深海中有很多超越人类想象
的动物。
这一次，我从中选出 13 种特
别的动物介绍给大家。

过度进化的深海动物

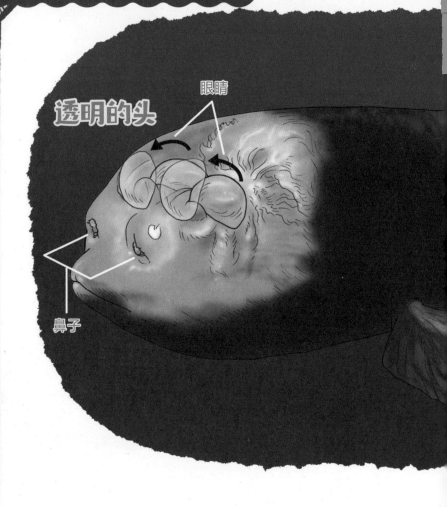

透明的头

眼睛

鼻子

看起来忧郁的眼睛，其实是后肛鱼的鼻子。

它的眼睛在脑袋上方，像倒扣的碗一样，是蓝绿色的。鱼眼总是朝着上方，随着猎物的移动，眼睛会跟着一起转动。

后肛鱼的猎物有小型甲壳动物，如蟹、虾及水母。

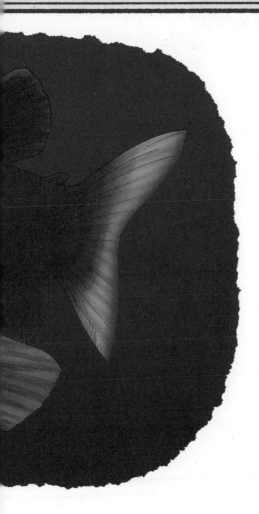

眼睛只看上方，头是透明的

后肛鱼

这种鱼的头进化成了透明的。这是因为它住在深海里，透明的头部能让它看清楚上方的猎物。

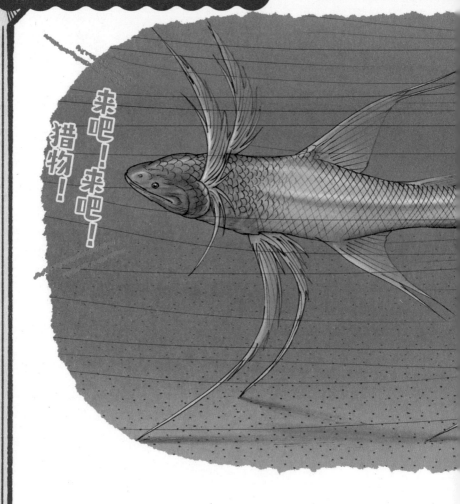

来吧！来吧！猎物！

　　小眼深海狗母鱼的身体两边有纤细的腹鳍，和尾鳍共同形成了三只脚的形状，胸鳍像天线一样向上伸出。它为什么会变成这种样子呢？

　　因为比起紧贴在海底，"站立"起来能够让更多浮游生物从自己身边游过。而像天线一样的胸鳍可以成为传感器，一旦有浮游生物流过，胸鳍就会敏感地做出反应。

為了捕獲獵物，進化成『三足』站立的

小眼深海狗母鱼

另外，小眼深海狗母鱼总是逆流而立，这个动作同样是为了捕获水流下的猎物。

□名称	小眼深海狗母鱼
□分类	辐鳍鱼纲
□栖息地	世界温暖海域的深海
□尺寸	体长20厘米

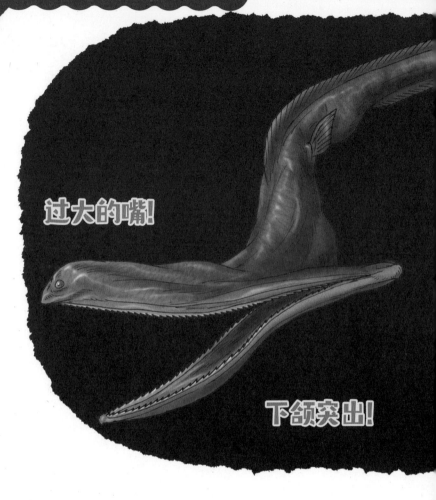

过大的嘴!

下颌突出!

　　宽咽鱼的下颌突出，是为了吞下更多猎物。它会张着嘴游动，将进入口中的猎物连海水一起吞下，那张嘴就像巨大的渔网。当然，在吞下猎物后，嘴巴会合上，海水会从鱼鳃里流出。宽咽鱼的嘴比头盖骨还大，能达到头盖骨的 7 倍到 10 倍大。宽咽鱼的猎物多是小鱼和浮游生物。

嘴是头盖骨的 10 倍大，
可以捕获更多猎物

宽咽鱼

其实我的尾巴
会发光！

另外，宽咽
鱼的尾巴尖会发
光，有的学者认
为是为了吸引猎
物靠近。

动物数据

□名称	宽咽鱼
□分类	辐鳍鱼纲
□栖息地	世界各地的深海
□尺寸	体长 70 厘米

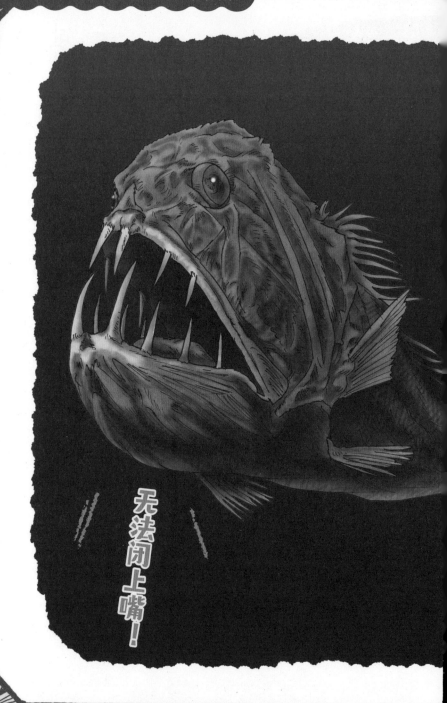

无法闭上嘴！

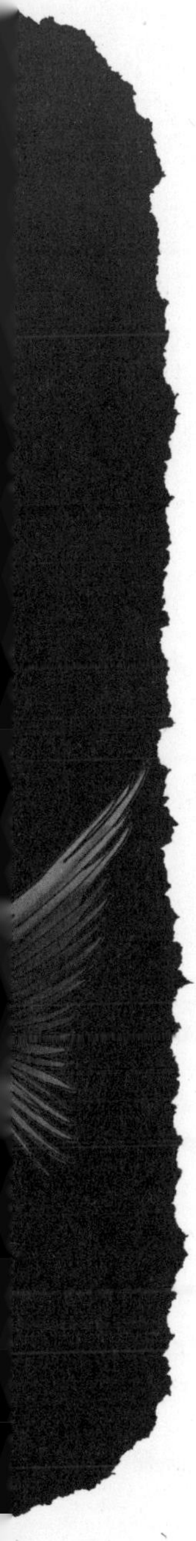

尖牙鱼牙特别长。它的上颚有 6 颗长长的牙，下颚则有 8 颗。

尖牙鱼的猎物范围很广，从鱼类到鱿鱼、甲壳动物（虾、蟹等）都能吃。顺带一提，尖牙鱼又叫魔鬼鱼。

尖牙鱼小时候头骨偏长，与成鱼外形略有区别。

牙太长的 尖牙鱼

动物数据

- □ 名称　　　尖牙鱼
- □ 分类　　　辐鳍鱼纲
- □ 栖息地　　世界温带、热带地区的深海
- □ 尺寸　　　体长 18 厘米

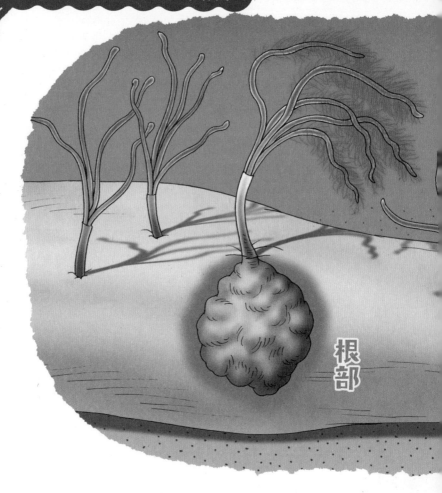

根部

　　食骨蠕虫和沙蚕、蚯蚓一样属于环节动物，从死鲸骨头上摄取营养。

　　食骨蠕虫在骨头上长出的红花一样的部分相当于鱼类的鳃。

　　红色部分是血管，食骨蠕虫没有食道和胃。它们扎根在骨头上，一边腐蚀骨头，一边直接摄取营养来生存。

　　顺带一提，死去的鲸是深海动物们的大餐。虎鲨会吃鲸尸

『鳃』

全都是雌性！
（雄性只能在显微镜下看到）

只是为了吃鲸骨头而进化的环节动物

食骨蠕虫

上的肉，某些贻贝会从微生物分解骨头时产生的化能自养细菌中摄取营养。鲸就连腐烂之后都不会被浪费。

动物数据

□名称	食骨蠕虫
□分类	多毛纲
□栖息地	最初于美国加利福尼亚州蒙特雷湾发现
□尺寸	体长 9 毫米（雌性）

大眼睛

发光的腹部

身体只有几毫米厚哟！

半裸银斧鱼

为了不让影子暴露自己，薄薄的身体发出微光的

半裸银斧鱼身体的厚度只有几毫米，住在 100 ～ 700 米深的海中，那里有微弱的光线。为了不让自己暴露在光线中，它的身体进化到只有几毫米厚。

半裸银斧鱼腹部有发光体，能发出和上方光线同样亮度的光，所以不会形成阴影。

另外，半裸银斧鱼的眼睛非常大，可以看见猎物及同伴的光影。既不会让敌人看见自己，还能清晰地看到猎物，它真是一种了不起的深海鱼。

动物数据

- □名称　　半裸银斧鱼
- □分类　　辐鳍鱼纲
- □栖息地　世界各地的深海
- □尺寸　　体长 4 厘米

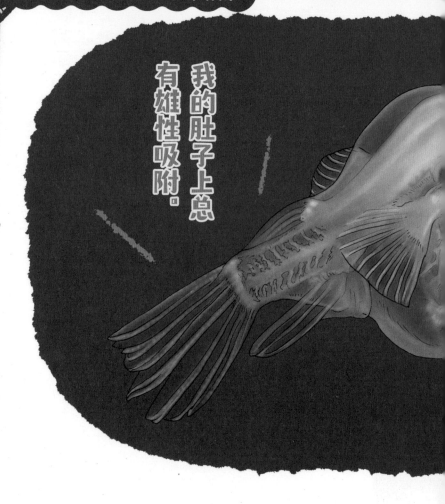

我的肚子上总有雄性吸附。

　　很多深海鱼在深海中都不易被发现，独树须鱼就是其中的一种。

　　这种深海鱼只有尾鳍根部有浅浅的颜色，其他部位几乎都是透明的，从而能够躲避天敌的目光。

　　它的头上有两只"角"，是用来引诱猎物的拟饵，学界认为它会晃动拟饵，捕获靠近的猎物。

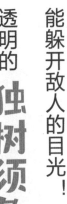
拟饵

能躲开敌人的目光！

透明的 **独树须鱼**

独树须鱼的另一项特征是雌性身上会附着小小的雄性。雄性会吸附在雌性的肚子上，以确保留下后代。

动物数据

□名称　　独树须鱼
□分类　　辐鳍鱼纲
□栖息地　世界各地的深海
□尺寸　　雌性体长 15.9 厘米，
　　　　　雄性体长 2 厘米

结合了古生物和现代生物的优势！

皱鳃鲨有"活化石"之
称。它有与泥盆纪的鲨鱼相
似的牙齿排列方式，6 对鳃，
像细细的尖刺一样的牙齿，
这些都与原始鲨鱼类似。它
的骨骼和肌肉则符合现代鲨
鱼的特点。总而言之，它是
现代鲨鱼中非常古老的一种。

皱鳃鲨生活在世界各地
120 ~ 1280 米深的海水中，
也会上浮到浅水地带。被捕
获后如果放在水族馆中展示，
则只能生存几天。在海中，
皱鳃鲨会扭动身体，用牙紧
紧咬住章鱼等猎物。

看起来像远古生物！

神秘的深海鲨鱼

皱鳃鲨

动物数据

- □名称　　皱鳃鲨
- □分类　　软骨鱼纲
- □栖息地　世界各地的深海
- □尺寸　　体长 1.6 ~ 2 米

眼睛像望远镜？！

　　看到巨尾鱼，大家或许会想，就算在深海，也不用把眼睛变成望远镜吧。

　　巨尾鱼小时候在较浅的海域生活，眼睛正常。可是长大后，眼睛渐渐变成了望远镜的样子。长大后的巨尾鱼生活在 500 ～ 3000 米深的深海中。眼睛能看到微弱的光，比如猎物发出的光，从而找到猎物。

巨尾鱼

眼睛变成了望远镜的深海鱼

有的学者认为巨尾鱼会竖起身体让眼睛朝上，瞄准上方的猎物。无论如何，那双眼睛就算在昏暗的深海中也是能准确捕捉到猎物的身影。

动物数据

☐ 名称　　巨尾鱼
☐ 分类　　辐鳍鱼纲
☐ 栖息地　世界各地的深海
☐ 尺寸　　体长 22 厘米

幼鱼

成鱼

眼睛变成板状

炉眼鱼

炉眼鱼会在深海产卵。卵很快会浮上海面，孵化后，幼鱼在浅海生活。这时，它还有眼睛，身体虽然纤细，不过像普通的鱼一样有一定的厚度。

可是在成长过程中，炉眼鱼为了适应深海的环境，身体越来越平坦，最后眼睛变成了贴在头上的能感光的视网膜"眼板"。

"眼板"虽然能感光，但是看不到东西。炉眼鱼的"眼板"朝上，它把扁平的身体贴在海底"眼板"始终盯着上方，然后利用光线的闪烁捕捉猎物。

动物数据

□名称	炉眼鱼
□分类	辐鳍鱼纲
□栖息地	世界各地的深海
□尺寸	体长 13 厘米

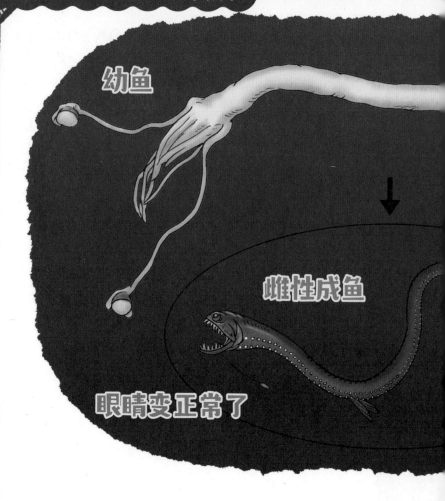

幼鱼

雌性成鱼

眼睛变正常了

　　小时候的大西洋奇棘鱼长得非常奇怪，两只眼睛像被线连着弹出体外，线的长度能达到身体的一半。

　　可是长大后，它的眼睛变得正常了。雌性大西洋奇棘鱼身上有刺，个头比雄性更大，能达到雄性的数倍。

　　雄性长大后几乎不会捕食，只是一心繁衍后代，最后变得十分消瘦，虚弱而死。真是很不容易啊。

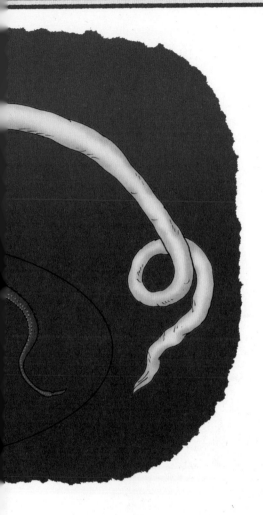

大西洋奇棘鱼

动物数据

- □ 名称　　大西洋奇棘鱼
- □ 分类　　辐鳍鱼纲
- □ 栖息地　多地的深海
- □ 尺寸　　雌性体长最长 50 厘米，雄性体长最长 10 厘米

人类认为难吃的大王乌贼在抹香鲸眼里是一道美食

大王乌贼身体里充满了氨离子，能产生较大的浮力。而且它还散发着像尿液一样的臭味，人们不会想吃这种味道的东西。可是对于抹香鲸来说并非如此，大王乌贼是它非常喜欢的猎物。

袭击大王乌贼的抹香鲸

　　大王乌贼是全世界最大的无脊椎动物，全长能达到 5 米，据说 19 世纪曾经发现了 18 米长的大王乌贼。袭击巨型大王乌贼的动物就是抹香鲸。网上曾经出现过大王乌贼的腕缠绕在抹香鲸身上的图片，其实那并非抹香鲸受到了袭击，而是被袭击的大王乌贼在反抗。

　　抹香鲸并非始终生活在深海，不过它会为了捕猎大王乌贼，潜入 3000 米深的海中。抹香鲸的长度能达到 18 米，海中最强的虎鲸也没办法单独攻击抹香鲸。若是遭到强大的抹香鲸的袭击，就连大王乌贼也没有胜算，很可能只能成为食物。

后记

　　不愧是深海，其中有这么多惊人的动物。深海的范围非常广，包括了 200 米以下的广阔空间，那里有多种多样的动物，其中很多是尚未被发现的物种。有的动物会静静生活在海底，有的动物像抹香鲸一样在浅海和深海之间纵横。不仅深海中生活着各种各样的动物，整片大海中同样如此。

　　世界上有许多已经灭绝的动物，还有不少动物失去了自己的栖息地。比如猎豹和骆驼都起源于北美，然而如今，北美已经见不到野生的猎豹和骆驼的身影了。

　　很多动物因为环境变化和人类活动而灭绝，尽管如此，依然有众多不同种类的动物生活在地球上。

　　正是由于具备生物多样性，地球才能保持最好的状态，而生物的多样性还会带来各种各样的好处。另外，通过了解动物的生存环境，同样可以有更多新发现。

　　本书中为大家介绍的纳米布沙漠甲虫会倒立在雾中，用身体收集水分。人类从它们身上获得灵感，在沙漠中收集水滴，从而得到了水，可见纳米布沙漠甲虫成了人类发展的助力。任何一种生物都不可能独自生存在地球上，只有更多的生物共同演化，共存共荣，地球才能变得更好。让我们了解更多生物知识，和它们共存共荣吧。

　　本书请到了《艰难的进化》的编者今泉忠明老师担任文字创作者，插图则由森松辉大先生绘制。衷心感谢两位。

《过度的进化》编辑部

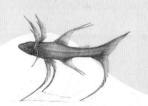

索引

参考文献

『小学館の図鑑 NEO〔新版〕動物』(2018　小学館)

『小学館の図鑑 NEO〔新版〕鳥　恐竜の子孫たち』(2018　小学館)

『小学館の図鑑 NEO〔新版〕昆虫』(2014 小学館)

『小学館の図鑑 NEO〔新版〕危険生物』(2017 小学館)

『小学館の図鑑 NEO〔新版〕水の生物』(2019 小学館)

『講談社の動く図鑑 MOVE 動物〔新訂版〕』(2018　講談社)

『講談社の動く図鑑 MOVE 鳥』(2017　講談社)

『講談社の動く図鑑 MOVE 魚〔新訂版〕』(2018　講談社)

『講談社の動く図鑑 MOVE 水の中の生きもの』(2018　講談社)

『講談社の動く図鑑 MOVE 危険生物』(2016 講談社)

『講談社の動く図鑑 MOVE 昆虫　新訂版』(2018 講談社)

『講談社の動く図鑑 EX MOVE 深海の生きもの』(2017 講談社)

『講談社の動く図鑑 EX MOVE 猛毒の生きもの』(2019 講談社)

『講談社の動く図鑑 WONDER MOVE 生きもののふしぎ』(2020 講談社)

『ポプラディア大図鑑 WONDA アドベンチャー　最強の生物』(2017 ポプラ社)

『ポプラディア大図鑑 WONDA アドベンチャー　深海の生物』(2016 ポプラ社)

『へんな生き物ずかん』(2017 早川いくを著　ほるぷ出版)

『もっと！へんな生き物ずかん』(2018　ひらのあすみ/早川いくを著　ほるぷ出版)

『ZOO っとたのしー！動物園』(2017　小宮輝之著　文一総合出版)

『生物が子孫を残す技術』(2007　吉野孝一著　講談社ブルーバックス)

『へんな生きもの　へんな生きざま』(2015　早川いくを編著　エクスナレッジ)

『図解雑学 鳥のおもしろ行動学』(2006　柴田敏隆著　ナツメ社)

『毒のいきもの』(2007　北園大園著　彩図社)

『完訳　ファーブル昆虫記』(2005~17　ジャン＝アンリ・ファーブル 奥本大三郎訳　集英社)

『原色検索 日本海岸動物図鑑［1］』(1992　西村三郎編著　保育社)

『図説 日本の珍虫 世界の珍虫』(2017　平嶋義宏編著　北隆館)

ナショナルジオグラフィック

Wikipedia

ニューズウィーク日本版

コトバンク

アニマルプラネット

编者

今泉忠明

　　毕业于东京水产大学（现东京海洋大学），之后在日本国立科学博物馆从事哺乳动物分类及生态学研究，现任静冈县伊东市猫咪博物馆馆长。曾参与日本文部省国际生物学事业计划、日本列岛综合调查等。著有《艰难的进化》《危险的进化》《失败的进化》等多部科普作品。

绘者

森松辉夫

　　1954 年出生于静冈县周智郡森町。曾任广告制作公司设计师，1985 年成为独立设计师，现于株式会社 aflo 任职。从事日历、海报、封面插画绘制。他的插画以及填色线稿等作品广受好评。作品被媒体广泛使用。

图书在版编目（CIP）数据

过度的进化 /（日）今泉忠明编；（日）森松辉夫绘；

佟凡译. -- 北京：中信出版社，2023.10

　　ISBN 978-7-5217-5462-9

　　Ⅰ. ①过… Ⅱ. ①今… ②森… ③佟… Ⅲ. ①动物–
青少年读物 Ⅳ. ①Q95-49

中国国家版本馆CIP数据核字（2023）第036383号

过度的进化

编　　者：[日] 今泉忠明
绘　　者：[日] 森松辉夫
译　　者：佟凡
出版发行：中信出版集团股份有限公司
　　　　　（北京市朝阳区东三环北路 27 号嘉铭中心　邮编　100020）
承 印 者：北京尚唐印刷包装有限公司

开　　本：880mm×1230mm　1/32　　　印　张：5.5　　　字　数：150 千字
版　　次：2023 年 10 月第 1 版　　　　印　次：2023 年 10 月第 1 次印刷
京权图字：01-2023-0200　　　　　　　审 图 号：GS京（2023）0876 号（书中插图系原文插图）
书　　号：ISBN 978-7-5217-5462-9
定　　价：34.00 元